JN225991

地磁気発生と磁極逆転の私案

My idea of geomagnetic generation and
magnetic pole inversion

西川正孝 著
Masataka Nishikawa

ブックウェイ

地磁気発生と磁極逆転の私案
My idea of geomagnetic generation
and magnetic pole inversion.

西川　正孝　Masataka Nisikawa

　最近地磁気が逆転したことが分かる地層が発見されて世間を驚かせた。そして少し昔になるが、北極圏でマンモスが冷凍状態で発見され話題を呼んだ。その後、マンモスの胃の中から寒冷地であるにもかかわらず、温暖で生息する植物が発見されたり、日本でも恐竜やその時代の動物の化石もぞくぞく発見されている。今の学説では急激な気候変動のため、このような事が発生したとされている。太陽と地球の関係に於いて、マンモスが生きたまま、或いはそれに近い状態で急速冷凍するような、急激な気象変動は起こるだろうか？

　まず、あり得ないと私は断言する。マンモスの胃の内容物は温暖地方の植物が残っているらしいことから、北極圏はかつて温暖だったと結論づけられているが、その温暖地のマンモスが胃の内容物を残したまま短い時間で急速冷凍するぐらいな急激な気候変動は絶対あり得ない。徐々に弱っていったのなら胃の内容物は無いし、あのような生々しい冷凍状態で残っているとは考えられない。またマンモスのような大きな動物は食べ物が豊富な地域でなければ生存は難しく、日本のように四季のあるような場所での恐竜の生存も難しい。

　しかし日本で恐竜の化石が発見されたのも事実である。北極圏のマンモスの胃に内容物が残っていると言う事は、マンモスを乗せて陸地ごと移動したと考えた方がつじつまが合う。これらの事を総合して考えると、地殻が南北に１８０度回転したことにすれば、全てが当てはまる。もちろんまともには回転しない。かなりの大陸移動、新しく出来た陸地や無くなってしまったものもあるだろう。何と言っても地殻は地球の大きさから比較して余りにも薄すぎる。

〔**参考**〕地球の半径；表面の凹凸は大きいし多い。以下大凡の数値。
　　　　　赤道半径で６３７８１３７ｍ
　　　　　極半径は６３５６７５１ｍ
　　　赤道半径は極半径よりも２１３８４６８６ｍ大きい。
　　　　　扁平率は２９８２５７２２２１０１分の１
　　全くの球体でない事から回転楕円体と言われている。
　　地殻の厚さ；厚くても１００ｋｍ以下で均一で無い。
　　地殻は地球の半径の２％以下、大陸地域では３５ｋｍ、
　　大洋では５ｋｍ〜１０ｋｍと言われている。

〔１〕地球の内部・太陽風と地磁気

Inside the earth

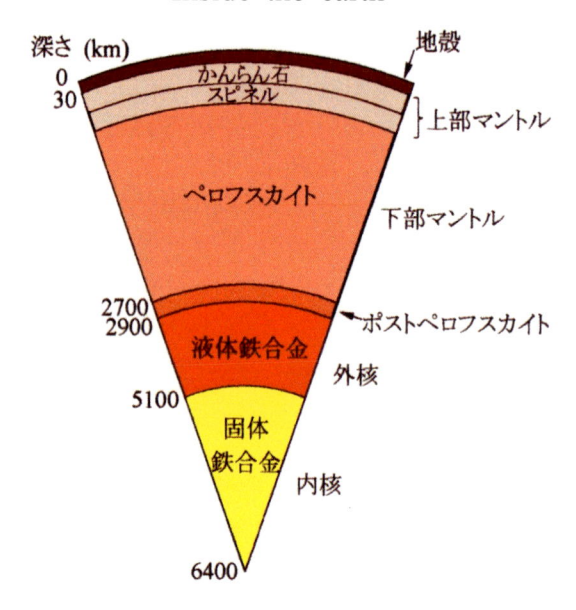

内部については誰も見た事が無く、あくまでも推測で、真実は不明。

どの研究部門とも地震波で調べたようだ。私はこれらのことを拝借して、これらを基準に考えを進める。

マントルは個体の岩石とされているが、地表から、深くなるほど高温になり、浅いところでも 1600 ℃もある。岩石は特殊なものを除き融点は 900~1000 ℃だから溶けて流動体になると想像する。地震波だけでは分からない何かあるのではないか。

地磁気逆転の私案もマントルを流動体として構想を進める。

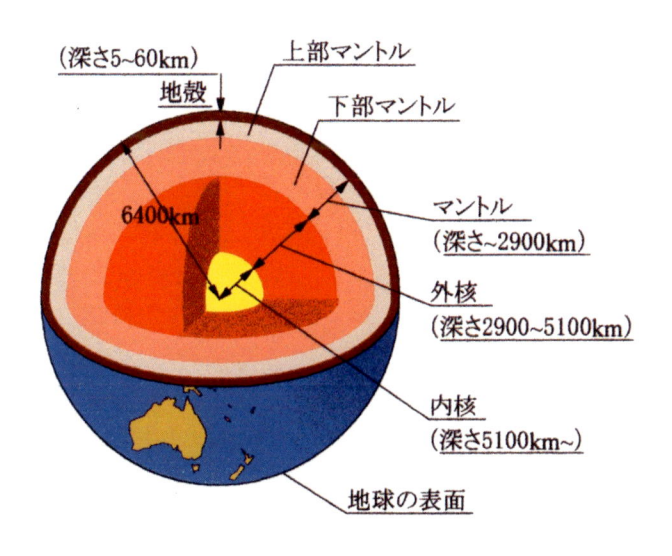

Solar wind and geomagnetism

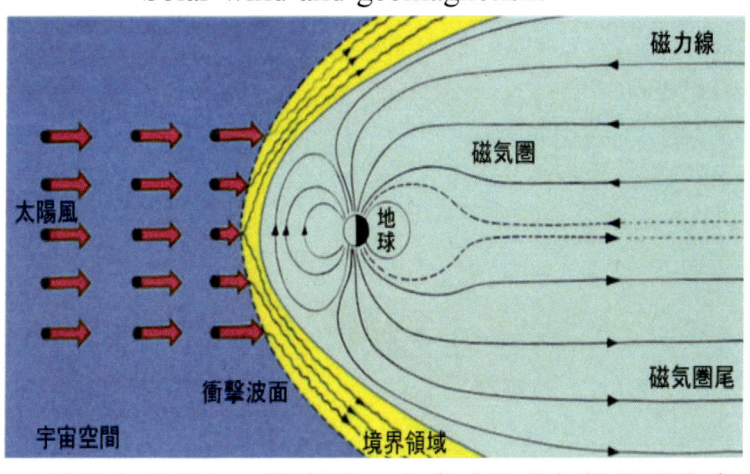

太陽風と地磁気の関連図　　気象庁地磁気観測所作成

〔太陽風 Solar wind〕　大洋から吹き出す極めて高温で
　　　　　　　　　　電離した粒子（プラズマ）のこと。

　ある日、ＮＨＫ放送大学の講義中に地球誕生の事を、最初は鉄な
どの質量の大きい物質が、地球の中心に落ち込み、最終的に内核は
高温高圧で鉄合金として個体かして、周囲は H_e H などの軽い物質
が取り巻いていたと報じていた。しかし現在地球表面で、F_e、A_u、P_b、
U 他、質量の大きい物質が多く含まれ、産出して、我々の生活を
支えている。　マグマやマントルにも色々な元素が含まれているに
違いない。温泉から A_u が出てきたり、地表にダイヤモンドがあっ
たり、熱水鉱床から希少金属が出てきている事からも分かる。

〔２〕 地磁気発生の私案　My idea of geomagetism
（１）マントルの流動 Flow of mantle

図Ａ－１はマントル
の流動を表したもの
で、地軸を中心とし
て軸を芯に、マント
ルのコイルを巻いた
と仮定した電磁石の
図である。
マントルが小分けし
て各々同じ方向に巡
回回転しているなら
ば、隣同士回転を打
ち消してしまう。
従って、現在の説に
は矛盾がある。マン

図Ａ－１

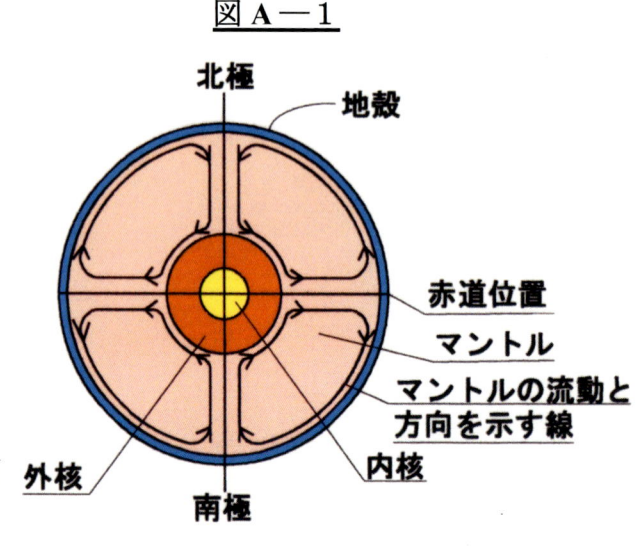

地球の断面におけるマントルの流動

トルは地球の自転によって、地球の自転と同じ方向に回っているから、厳密にはマントルの流動と地球の自転によって、ベクトルは螺旋状になると思う。図Ａ－１のように赤道付近から両極へ向かって流動し両極へ集まり、両極からコア方向に向かう。この流れも、前述したように螺旋回転流動と考えられる。そしてコア付近の赤道直下辺りから、遠心力や温度、そして圧力によって地殻方向に向かう。地殻に近づくと再び螺旋流動しながら両極に向かい、常に同じ流れを繰り返している。現実には断面図Ａ－１のように、螺旋の境目は分からず、ただの液状マントルに見える。この時、両極へ向かうと赤道付近より直径が小さくなる分、輪切り状の面積は小さくなるが、マントルの流動量は変わらないから、その分速度を増して行く部分と、極まで行かずコア方向へ向かう分もあるだろう。赤道直下では再び遠心力や温度、圧力などによって地殻（地球の表面）方向へ上昇し、この流動を繰り返す。そして特に質量の大きい物質は引力によって地球の中心へ引き込まれやすい。また引力によって内部の圧力が上がることで、温度も上がり、高温になった内部の温度が伝わってマグマ溜まりや火山の噴火などへ影響する。赤道付近では自転の遠心力が大きいことに加え、内部の熱や圧力で熱水鉱床があったり、海底や地表でも割れ目からマントルやマグマが吹き出ている所や海底で海嶺も存在する。また地球の直径が、極より赤道付近の方が大きいのは地球の自転による遠心力によるものと思われる。

（２）地磁気発生の私案　　**My idea of geomagnetism**

　地球は西から東へ回転する。外核は液体鉄合金で外核や液状マントル中の自由電子も同じような動きをする。逆に電流は東から西へ流れる。南半球でも回転方向は同じで、左右対称の動きをしているから、磁力は南から出て北へ入る。言い換えれば地軸を中心とした一本の棒磁石になると考える。それは丁度地軸にコイルを巻いた状態に似ていて、マントルの中に自由電子があるかどうかは想像でし

かないが、火山噴火の時は地磁気は乱れるし、九州大学では噴火噴煙中の電荷は雷雲中の電荷に比べ、はるかに高密度であると観測されている。従って噴火で（図A－2）のように雷電が発生する。このことはマグマやマントルは電荷、帯電された粒子が多く、自由電子が存在していることを証明しているのではないか。現在の説ではマントルに自由電子は無いとされているが、私はそのようには考えていない。電荷があると言うことは自由電子もあると思う。

桜島火山昭和火口噴火 2010 年 4 月 17 日　柚木耕二氏撮影

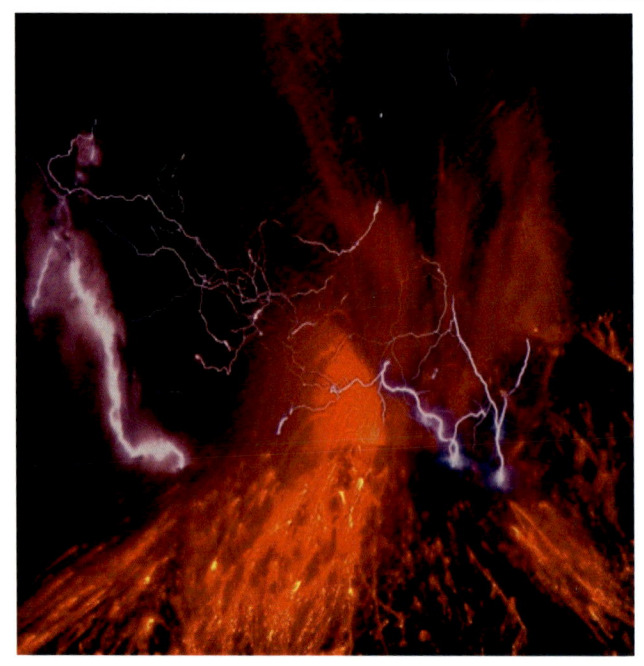

図A－2　この写真は国立法人九州大学大学院理学研究員付属
地震火山観測研究センターの公報に掲載されたものである。

上記の事をまとめると、地球の自転によってマントルや外核以内の電子が動き、電流が発生し、地磁気になると考える。

現在、大方の説では外核よりも中心部辺りで磁気が発生している
とされているが、そうであれば両極はもっと地球の内部に有り、地
球の表面の両極では磁力線が開いて、まとまりがなくなり、両極以
外でも磁力線が強く出ていると考えられる。

〔３〕地磁気逆転の私案　My idea of geomagnetism reversal

上記のような運動を繰り返していると、長い年月の間に両極辺りで
輪切り面積が小さくなった地殻の内側へはマントルの中に含まれる
鉄を代表とした、磁気化可能な物質の付着が積もって行くと供に、
両極が冷えていると地殻の内側もキュリー点（温度を上げて行くと
磁性物質がある温度で磁気を失う温度）以下になるのではないか。
地球磁気によって徐々に地球磁極と同極に磁化されて、磁化された
磁力が強くなると地球磁気と反発し合い（図A-3）のように地球
の磁力線の乱れや磁極がふらつくなどの現象が発生すると思う。
　また地表での磁力の強弱が出るのは流動マントルが完全に均一で
は無いからと考える。　　　　　<u>図A－３</u>

気象庁磁気観測所宇宙プラズマグループ作成　磁場の乱れ

さてここで**地磁気逆転**に付いて考える。

　前記したように、磁極の位置のふらつき、地磁気の乱れや、最近地球磁力が弱くなっているのは、両極内で地殻内側の磁気が強くなり、反発が強くなってきたのではないか。これがより強くなってくると、誰もが経験しているように、永久棒磁石の同極を近づけても横に滑って接する事も難しい。

　両極がこのような状態の時、回転方向に何らかの力が働くと、それを切っ掛けに南北が反転するように地殻のみ回転すると考える。言い加えると地磁気と磁化された地殻の内側が異極となって引き合い、１８０度反転する。反転後、両極では地磁気と磁化された地殻の内部は異極であるから、地殻の内側に付着した鉄などの磁化しやすい物質は地磁気によってはぎ取られてしまう。この時、地球本体の磁極は地球の自転も影響しているから変わることはない。地層から逆の磁極が発見されるのは、反転以前に磁化された地磁気の痕跡が地殻すなわち地表に残っているからと思う。地殻の回転の切っ掛けは、惑星衝突、太陽の引力、太陽風などの外力や、火山の大噴火、地震、プレート移動など色々考えられる。事実チリの大地震の時、地軸がずれたことも観測されている。

ここで地殻がこのように回転するものかと言うことである。地球に比べ地殻は余りにも薄い。例えば（図Ａ－４）のようにバケツに水を入れ、取っ手を持って回転させると、内部の水は回転しないが容器のみ簡単に回る。内部の水はマントル、バケツの容器は地殻と考える。マントルは水より粘性は高いから、水よりかなり抵抗値は高いだろう。

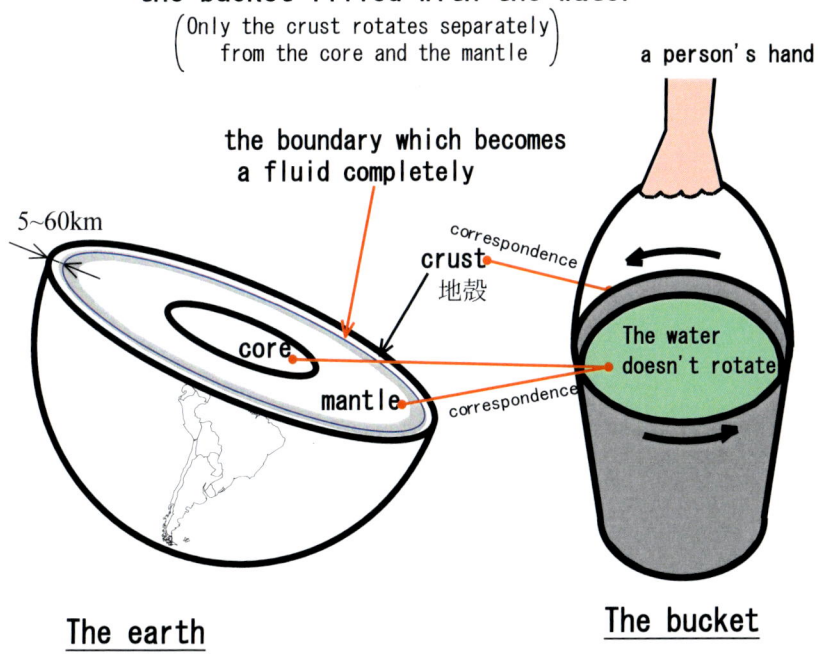

The section of the earth and the bucket filled with the water
(Only the crust rotates separately from the core and the mantle)

a person's hand

the boundary which becomes a fluid completely

5~60km

correspondence

crust
地殻

core

mantle

correspondence

The water doesn't rotate

The earth

The bucket

図A－4

地殻の慣性トルクを T_1 とし、反転トルクを T_2 とすると T_1 よりも T_2 の方が大きければ回転が可能になる。前述したように大ざっぱではあるが計算しようと思えば、地殻の外半径を R、内半径を r 、質量を m、として、優しく慣性トルクを求める方法として、球体の慣性モーメント I は周知の数式から $I = 2mR^2 \div 5$ で、地球全体（半径R）の慣性モーメントから地殻の内側（ r 以内）の慣性モーメントとの差を地殻の慣性モーメントとして求めれば良いと思う。実際の地球は均一では無いが無理遣り上記の式を採用した。
I も T も数値の採用次第で大きく変わる。

角運動方程式より慣性トルクTは　$T = I\dot{\omega}$　$\dot{\omega}$は地殻回転の角加速度。　また両極で発生する反発力が同程度 F として、両極の距離をLとすると、偶力モーメントMは、M＝FL、
大きな地球円周上の短い距離では近似的に直線として、ニュートンの運動方程式を適用し、加速度をαとすると、$F = m\alpha$　下図から単純に反発トルク T_2 を求めると $T_2 = 2FR = 2m\alpha R$

図A－5

　上記より地殻の慣性トルク T_1 は円弧状で求め、反発によるトルク T_2 は直線で求めたから、理論的には正確に比較できないが、近似的には $T_2 > T_1$ となれば回転する。地球の両極においても通常 F の方向は定まらないが、前述したように永久棒磁石を少しでもどちらかへずらせると、ずらせた方向へ強力に滑るに違いない。しかしまだ地殻内側でのマントルの流動の真実の姿も分かっていない。とわ言え両極内では冷えて、

両極における磁極の反発から、地殻を回転させる方向の力F

キュリー点以下になる可能性があり、そして磁化する事も否定できない。これらは想像ではあるが両極の地殻内が磁化されれば同極同士の反発力はかなり強いと考える。そして、この考え方を否定できる材料も無いのも確かである。規模は小さいが同極の反発力を利用して、私は２０歳頃設備設計に使った経験がある。更に現在施工さ

れているリニア新幹線にも磁力の反発力が使われる。この考えが正しいとして、地殻のみ回転するとき、すんなり回転するとは思えない。大陸移動のような大きな地変が発生する。地割れも起こり、マントル、マグマ、溶岩も吹き出る。大陸がちぎれたり、くっついたり、移動したり大変な変動が起こるに違いない。この時、地殻に繋ぎ目ができて、移動後も熱による応力や、方々の移動などから地殻に発生する応力の歪み取りのため、今のプレートができたものと思われる。次に地殻が逆転すればプレートの繋ぎ目の位置が変わることもありえる。繰り返すが稿初にも記したように、逆転による地殻移動で、マンモスが乗ったまま陸地が北極付近まで移動して、北極付近で冷凍状態で見つかり、胃の内容物は温帯地方の植物が残っていたりするのではないか。大方の意見は気候変動と決論ずけられているが、あの北極圏に温帯地方の植物は無いし、気候変動なら急速冷凍にならない限り、胃中の物は徐々に消化され、胃は空の状態と考えた方が当てはまる。更にマンモスのような巨体を維持するには北極圏では食料が確保できない。一年中食物があるのは亜熱帯から温帯地方に居たと考えた方が正解のように思う。日本でも四季があり恐竜が生息するには難しい。地殻回転の時、亜熱帯地方の陸地の一部がくっついたのではないか。そして北アルプス、中央アルプス、南アルプスなど南北に伸びている三筋の急峻な日本アルプスは定説のように徐々に盛り上がったのでは無く、地殻変動の時、陸地ごと別々に移動してきてくっついたり、東西から大きな力が加わり、急激に形作られたと考える。また南アルプスに比べ北アルプスは岩肌が多いことや姫川にはヒスイがあるのも不思議である。このようなことが起これば生命体の危機であり、絶滅の懸念もありうる。私は学者でも研究所員でもない個人で、実際地層も見ることも無いし、色々な論文や学説に囚われること無く、自由奔放に考えた。しかしこのことは現在起こっている或いは発見されているようなことを、私の知る限り満たしているように思う。この一連の私の考と、発見や発表されている学説の年代とはかなり合わないところもある。し

かしどちらも真実は分かっていない。ここまで粋がって書いてきたものの、地殻回転の裏付けをしておこうと大胆な計算をしてみた結果、必要なトルクやエネルギーの数値はあまりにも大き過ぎて自信がなくなってきた。社内の設備設計しかしていない私には、地球規模でのこの大きさは想像を絶する。しかし磁極は９０度変わるのではなく南北に180度入れ替わっている事は地磁気に影響していることには違いない。最近スーパーコンピューターによるシミュレーション、人工衛星による磁場観測、地球のコアを模擬した実験装置などによって、学者間ではコアに発電現象が有り、そこから磁場が発生し、その磁場に双極子があって磁極が入れ替わると言う方向に傾いている。今そのコアの磁場が地表に出てきているならば compass（羅針盤）は地表のどの位置でも南北を指すのではなく、かなり乱れているだろうし、前記したように磁極以外でもコアの磁力線によって compass も正常には南北を指さない。磁極の変化は中途半端な位置になるのでは無く、綺麗に逆転している。これは地殻の回転と関係があることを無視できない。話しを計算に戻すが計算方法が正しいのかと言われれば複雑過ぎて自信が無い。更に計算をした色々な数値は実測をしたわけでもない。内部で磁極の反発力も確認できない。また地震、津波、火山そして風水害など自然の力の大きさも見ている。想像を超えた力が働くこともあるだろう。何だか自信の無い結末になってしまったがこの構想は全く無視できないと思う。

〔余談〕

　多くのジェットエンジンを同じ方向に並べて一斉に噴射したら、地殻が回転しないものか、もし磁気で地殻が浮いているとしたら、計算した数値よりも低いトルクやエネルギーで回転するかも知れない。しかしこの実験はしない方が良い。

〔参考〕キュリー点；
　　　　岩石３００〜５００℃・鉄７７０℃・ニッケル・３６０℃
　　　　地殻の構成元素（％）；O-46.6　Si-27.7　Al-8.1　Fe-5.0
　　　　Ca-3.6　Na-2.8　K-2.6　Mg-2.1　Ti-0.4　P-0.1

西川　正孝（にしかわ　まさたか）

昭和 21 年（1946 年）三重県生まれ。

昭和 40 年、大手の電機製品製作会社入社、昭和 48 年退職。

その後、数社の中小企業勤務、設計事務所、技術コンサルタント、
専門校講師等、一貫して機械関係のエンジニアとして活躍。

著書に『約束の詩 ―治まらぬ鼓動―』『二重奏 ―いつか行く道―』
『恋のおばんざい ―天下国家への手紙―』『国家の存続 ―天下国
家への手紙―』『国家再生塾』がある。

地磁気発生と磁極逆転の私案
My idea of geomagnetic generation and magnetic pole inversion

2018 年 7 月 18 日発行

著　者　西川正孝
発行所　ブックウェイ
〒670-0933　姫路市平野町 62
TEL. 079 (222) 5372　FAX. 079 (223) 3523
http://bookway.jp
印刷所　小野高速印刷株式会社
©Masataka Nishikawa 2018, Printed in Japan.
ISBN978-4-86584-337-8